AF314351

OBSERVATIONS

SUR L'ACCLIMATATION

DU VER A SOIE DU CHÊNE

DU JAPON

BOMBYX YAMA-MAÏ

TROIS ÉDUCATIONS SUCCESSIVES RÉUNIES A METZ

PAR

ERNEST DE SAULCY

EXTRAIT DU BULLETIN DE LA SOCIÉTÉ D'ACCLIMATATION

(Nᵒ de février 1873.)

PARIS

AU SIÉGE DE LA SOCIÉTÉ

HÔTEL LAURAGUAIS, RUE DE LILLE, 19

ET AU JARDIN D'ACCLIMATATION DU BOIS DE BOULOGNE

1873

La Société d'acclimatation publie chaque mois un recueil dans le format in-8°, orné de gravures lorsque les sujets traités l'exigent et qui forme chaque année un fort volume. Ce *Bulletin mensuel* est envoyé sans rétribution à tous les membres de la Société à partir du commencement de l'année dans laquelle ils sont reçus (voyez à la 4ᵉ page de la couverture l'extrait des règlements).

Les personnes qui ne font pas partie de la Société peuvent s'abonner.

PRIX POUR UNE ANNÉE :

Paris...................... **12 fr.**

Départements et étranger... **14** »

Prix de chacune des années déjà publiées :

1ʳᵉ série (années 1854 à 1863) 10 volumes. Chaque.... 12 fr.
   Pour les Membres................ .... 10 »
2ᵉ série (depuis 1864) (9 *volumes parus*). Chaque...... 10 »
   Pour les Membres................... .... 9 »
Un numéro pris séparément..................... 1 » .

En cas d'inexactitude dans le service, adresser ses réclamations à M. l'Agent de la Société, rue de Lille, 19.

Divers articles publiés dans les différents volumes du Bulletin, ayant été tirés séparément, on peut se procurer, *au siége de la Société*, des exemplaires des tirages à part qui ont été faits (*voy. couverture, 3ᵉ page*).

Nul envoi de tirage à part ou de numéro du *Bulletin* ne sera fait si la demande n'est accompagnée du prix de ces publications.

Les lettres et paquets doivent être *affranchis*.

En cas d'irrégularité dans l'envoi du Bulletin, MM. les Membres de la Société ou les Abonnés à son bulletin sont instamment priés de réclamer le *numéro* qui pourrait leur manquer, *aussitôt la réception du numéro suivant*. Ils sont également invités, pour éviter toute interruption dans l'envoi des publications de la Société, à vouloir bien envoyer immédiatement leurs changements de domicile. Les numéros du *Bulletin* perdus par suite de l'oubli qu'ils mettraient à faire connaître leur nouvelle adresse ne pourraient pas être remplacés.

ORGANISATION DE LA SOCIÉTÉ POUR 1873.

BUREAU ET CONSEIL D'ADMINISTRATION.

MM. Drouyn de Lhuys, président.
Le Cᵗᵉ d'Éprémesnil.
Fréd. Jacquemart...
Antoine Passy...... { vice-présidents.
De Quatrefages. ...
A. Geoffroy Saint-Hilaire, secrétaire général.
E. Dupin, secrétaire pour l'intérieur.

MM. Le marquis de Sinéty, secrétaire pour l'étranger.
C. Raveret-Wattel, secrétaire des séances.
Maurice Girard, secrétaire du Conseil.
Paul Blaque, trésorier.
A. Rivière, archiviste.

MM. H. Bouley.
E. Cosson.
C. Dareste.
Fréd. Davin.

MM. Duchartre.
Hennequin.
A. Milne Edwards.
E. Roger.

MM. Ruffier.
Baron Séguier.
Marquis de Selve.
Wallut.

Vice-président honoraire....... MM. le prince Marc de Beauvau.
Membre honoraire du Conseil ... Rufz de Lavison.

Agent : M. Jules Grisard.

OBSERVATIONS

SUR L'ACCLIMATATION

DU VER A SOIE DU CHÊNE DU JAPON

BOMBYX (ANTHERÆA) YAMA-MAÏ

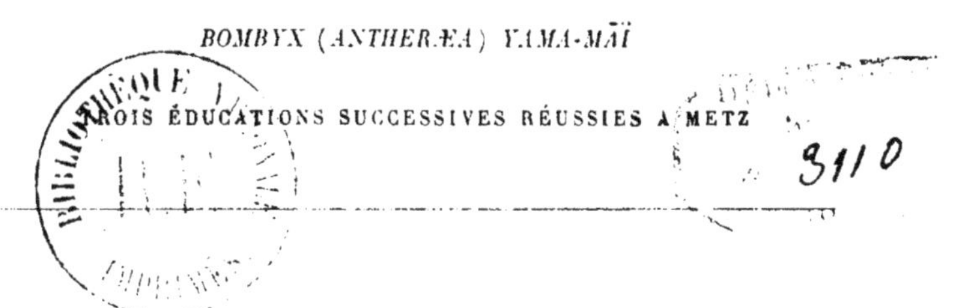

TROIS ÉDUCATIONS SUCCESSIVES RÉUSSIES A METZ

Je viens, Monsieur, cette année, comme j'ai toujours fait
jusqu'ici, rendre compte à la Société d'acclimatation, de
l'éducation du *Bombyx Yama-maï* dont je poursuis l'étude
depuis 1864. J'ai obtenu cette fois une pleine réussite comme
j'en avais l'espérance, je pourrais même dire la certitude, si
je ne craignais de me faire taxer d'outrecuidance.

Je désire soumettre les réflexions qu'une expérience pro-
longée pendant neuf ans m'a suggérées, ainsi que les raisons
qui me font regarder le succès comme indubitable et l'éducation, sinon encore l'acclimatation, de ce précieux insecte
comme un problème résolu.

Si je me permets d'être aussi affirmatif, c'est que je crois
en avoir acquis le droit par la série d'épreuves que j'ai traver-
sées.

Effectivement, après un premier succès dû au hasard, je
l'avoue humblement, j'ai passé par trois années d'échecs dé-
courageants. Mes idées s'étant redressées à la suite de ces
trois essais malheureux, j'ai obtenu deux réussites relatives ;
et finalement, depuis 1870 que la Société a bien voulu me
faire un dernier envoi de graines, je n'ai plus eu d'incerti-
tude, et désormais je crois que j'opère à coup sûr.

D'autres, plus heureux, sont entrés du premier coup dans la
bonne voie et n'en ont pas dévié ; je les en félicite de bon
cœur, mais je ne saurais pourtant regretter l'expérience que

j'ai achetée par de rudes leçons, puisqu'elle me garantit la sécurité de la méthode à laquelle je suis arrivé.

Croyant bien faire, j'ai commis de lourdes fautes; je m'y suis obstiné trop longtemps sans doute; mais, en me redressant petit à petit, j'ai reconnu et constaté la cause de mes revers, et j'ai aujourd'hui par devers moi cinq éducations de mieux en mieux réussies, qui ne permettent plus le doute et qui garantissent le succès à ceux qui voudront bien suivre la même marche.

Cela dit et sans plus de préambule, j'entre dans le détail de l'éducation de 1872.

La première larve qui ait fait apparition cette année est éclose le 17 avril; le 18 il s'en est montré deux ou trois, mais les naissances n'ont commencé à se produire avec intensité que le 21, tandis qu'en 1871 elles donnaient en plein vers le 15.

Je dois dire que ma graine avait été maintenue tout l'hiver dans une chambre très-froide, où la température s'est abaissée jusqu'à 15 degrés au-dessous de zéro, pendant qu'elle descendait à 21 degrés à l'extérieur (1). Peut-être faut-il attribuer à cette circonstance la cause des cinq ou six jours de retard que l'éclosion de 1872 a éprouvé comparativement à celle de 1871.

Toutes les larves sont sorties de l'œuf entre le 17 avril pour la première, et le 2 mai pour les deux dernières, soit avec un écart de quinze jours. Dans cet intervalle, il y a eu d'abord une trentaine de naissances entre le 17 et le 20 avril inclus; puis, du 21 au 26, ces deux dates comprises, elles ont été chaque jour d'une trentaine à peu près; et enfin, depuis le 27

---

(1) Depuis deux ans, je laisse la graine à toute la rigueur du froid et je ne me suis pas aperçu qu'il y eût d'inconvénient à agir ainsi. Néanmoins, je ne voudrais pas me prononcer d'une manière absolue à cet égard, et je crois que c'est une question qu'il est bon d'étudier. Si cette méthode ne présentait pas de danger pour la vie des jeunes larves, on pourrait peut-être parvenir à reculer successivement les éclosions de deux ou trois jours et à faire coïncider dans une dizaine d'années la venue des jeunes chenilles avec l'apparition des feuilles de chênes dans nos contrées du nord-est. L'éducation du *Yama-maï* n'offrirait plus alors aucune difficulté.

Jusques et y compris le 2 mai, il y en a eu encore une trentaine, ce qui porte le nombre des larves très-sensiblement à
240, sur lesquelles 123 seulement sont arrivées au deuxième
âge. Tout le reste, 120 en nombre rond, a péri dans les tout
premiers jours de l'éclosion, et c'est à partir du 1ᵉʳ mai que
les vers vigoureux sont entrés dans leur premier sommeil.

A partir de cette époque, l'éducation a marché régulièrement. Pendant toute sa durée, une larve est morte par suite
d'une blessure grave qui lui avait déchiré une patte membra-
neuse, et deux autres ont disparu sans qu'on en ait retrouvé
traces. Quant aux 120 qui ont filé leur cocon, pas une n'a présenté la plus légère apparence de maladie, et j'ai remarqué,
au contraire, qu'elles ont été plus robustes encore que leurs
parents de 1870 (1).

Le premier ver qui soit entré dans son cinquième âge a
changé de peau le 15 juin, et les deux derniers sont arrivés
au même point le 29, avec une différence de quatorze jours,
un peu plus faible que celle signalée pour les naissances.

Le premier cocon filé a été commencé le 28 juin et les deux
derniers l'ont été le 20 juillet, avec un écart de vingt-deux
jours qui dépasse de sept celui que j'ai indiqué pour les éclosions. La vie à l'état de larve a été, en conséquence, de
soixante-douze jours pour la première éclose et de soixante-
dix-neuf pour les deux dernières du 2 mai.

Je ne peux donner la durée des cocons que pour deux seulement, parce que le système que j'ai adopté pour les faire
éclore, avec certitude d'obtenir des accouplements, ne me
permet plus de constater la date de la sortie de chaque papillon; je ne peux reconnaître que l'apparition du premier, sans
connaître le numéro d'ordre de son cocon. Ceux sur lesquels
je suis exactement renseigné avaient les nᵒˢ 57 et 107. Le
nᵒ 57, commencé le 6 juillet, avait été mis à part, afin de
continuer une observation qui m'intéressait vivement; il a
donné son papillon, une femelle, le 19 août, après quarante-

(1) En 1870, j'ai reçu de la Société d'acclimatation quelques grammes de
graine de provenance directe du Japon. C'est grâce à cette libéralité que j'ai
pu continuer et mener à bien la suite de mes expériences.

quatre jours. Le n° 107, commencé le 10 juillet, a donné également une femelle, mais après cinquante-neuf jours, dans la soirée du 7 septembre. Comme il était le dernier à éclore, ce dont je me suis aperçu le 6 en pénétrant dans la chambre à mariages, où je ne voyais plus que très-peu de papillons alertes, j'ai pu le placer de manière à le surveiller sans peine, et, à l'aide de son numéro d'ordre, qui me donnait l'indication du jour où il avait été commencé, il m'a été facile d'apprécier le nombre de jours qu'il avait duré.

Je ne saurais préciser la date d'apparition du premier papillon, par la raison que, entre le 8 et le 14 août, des circonstances particulières m'ont mis dans l'impossibilité de surveiller les cocons; ce que je puis affirmer, c'est que le 8 il n'y en avait pas un seul de sorti, et que le 14 il s'en trouvait quinze dans la chambre nuptiale. On peut, en s'appuyant sur la durée moyenne du cocon, que je crois être de quarante-cinq jours, fixer, sans crainte de se tromper beaucoup, au 11 août la première éclosion, et, comme la dernière a eu lieu le 7 septembre, il en résulte que tous les papillons sont sortis dans un laps de vingt-sept jours, qui dépasse de cinq l'écart extrême de la formation des cocons et de douze celui de la naissance des larves.

Sur les 120 cocons obtenus, aucune nymphe n'est morte, ce qui était arrivé, au contraire, dans toutes mes éducations précédentes, à l'exception pourtant de celle de 1864, et j'ai eu 120 papillons, dont 61 mâles et 59 femelles.

Sur les 61 mâles, deux sont restés avortons avec ailes recroquevillées (1), et un troisième est mort prisonnier entre deux cocons soudés l'un à l'autre. Il avait percé le sien, mais il s'est trouvé arrêté par le second, qui lui barrait totalement le passage.

Quant aux 59 femelles, une est morte engagée dans son cocon, qu'elle avait percé sans pouvoir en sortir complétement, et une autre, de très-belle apparence, a été trouvée

(1) J'ai lieu de croire qu'ils se sont laissés tomber avant d'avoir pu développer et sécher leurs ailes, ce qui les a rendus difformes. En 1870, j'ai pu constater *de visu* deux ou trois faits semblables.

morte avec l'abdomen encore plein des œufs dont elle n'avait pu se débarrasser. L'ouverture pratiquée dans son corps m'a permis d'en extraire 166, tous blancs et bien pleins, mais qui n'ont pas tardé à s'ombiliquer lorsqu'ils ont été exposés au contact de l'air. Je crois pouvoir inférer de cette particularité que cette femelle n'a pas été fécondée par suite d'un vice de conformation qui avait empêché l'accouplement, de même que la ponte. Enfin, la dernière éclose, celle du cocon 107, n'a pas été fécondée non plus, parce que, à la date du 8 septembre, les quelques mâles qui étaient encore vivants m'ont paru trop affaiblis pour qu'on pût en attendre aucun service. Cette femelle, la dernière venue de tous mes papillons, a fait sa ponte et n'est morte que onze jours et demi après son éclosion, dans la matinée du 19 septembre. La première larve ayant fait son apparition le 17 avril, il en résulte que la période entière de la vie de mes *Yama-maï*, en 1872, comporte une durée de cent cinquante-cinq jours comprise entre ces deux dates extrêmes.

En somme, j'ai eu cinquante-huit mâles qui ont pu féconder les femelles, et cinquante-sept femelles qui ont donné des œufs, mais dont une au moins n'avait pas été accouplée.

Le 22 septembre, j'ai fait un dépouillement sommaire de tous les œufs que j'avais récoltés; en voici le résultat par catégories :

1° Œufs gris de très-belle apparence, supposés bons. . . . .   58 gr. 54
2° Œufs gris assez beaux, mais classés comme douteux. . .   10   01
3° Œufs blancs bons et douteux, en mélange.   7   20
4° Œufs reconnus indubitablement mauvais.   18   09

Poids total quinze à vingt jours après les pontes finies.   93 gr. 84

Le 23 octobre, j'ai recommencé la même opération plus scrupuleusement encore, et, afin d'arriver à des nombres aussi approchés que possible, j'ai pesé, avec tout le soin dont j'étais capable, des lots de plusieurs centaines d'œufs pris dans les diverses catégories et comptés très-exactement. Ce second travail m'a donné :

		Déchet en un mois.
OEufs gris de la première catégorie..	57 gr. 05	1 gr. 49
OEufs gris de la seconde catégorie..	9 40	0 61
OEufs blancs présumés bons.......	5 55) ensemble	
OEufs blancs reconnus mauvais.....	1 12) 6 gr. 67.	0 53
OEufs mauvais de la quatrième catégorie....................	15 46	2 63
Poids total six semaines après les pontes......................	88 gr. 58	Déchet, 5 gr. 26
700 œufs gris de la première catégorie ont pesé..................	5 65	
500 œufs gris de la seconde catégorie.	3 99	
754 œufs blancs choisis comme bons, parmi lesquels un très-petit nombre colorés, mais très-faiblement..........	5 55	
500 œufs gris mauvais...........	2 76	
185 œufs blancs mauvais et mélangés de quelques œufs verts pleins, mais toujours clairs....................	1 12	

Des pesées ci-dessus mentionnées, il résulte que, six semaines après les pontes achevées, 1 gramme contient :

124 œufs gris classés comme bons quinze jours après la ponte.
125 œufs gris classés comme douteux,   id.
135 œufs blancs supposés bons,   id.
181 œufs gris reconnus mauvais.
165 œufs blancs mauvais mélangés de quelques verts.

Ces nombres permettent de calculer très-approximativement la quantité des œufs pondus par les 57 femelles bien conformées que j'ai eues cette année, et l'on trouve pour :

57 gr. 05 œufs gris présumés bons ; le nombre correspondant..	7074
9 gr. 40 œufs gris classés comme douteux.................	1175
5 gr. 55 œufs blancs présumés bons (catégorie comptée en totalité)...........................	754
15 gr. 46 œufs gris stériles.............................	2798
1 gr. 12 œufs blancs mauvais (catégorie comptée en totalité).	185
Total de toutes les catégories réunies..........	11986

Comme en ramassant les œufs il y en a eu quelques-uns de perdus, mais en très-petit nombre, on peut admettre le chiffre de 12 000 pour celui de la ponte totale, d'où l'on conclut

— 7 —

210 pour celui de la ponte moyenne en 1874. J'avais trouvé
211 pour la ponte moyenne de l'année dernière (1).

Le 22 septembre, j'avais mis à part un lot de 200 œufs gris
supposés bons et choisis un par un ; le 23 octobre, je l'ai examiné de nouveau très-attentivement et j'y ai reconnu 13 œufs
bien évidemment mauvais. Il est donc permis d'évaluer à
6 1/2 pour 100 le nombre d'œufs qu'il convient de défalquer

(1) Je n'ai pas encore eu d'occasion qui m'ait permis d'expédier la graine
de *Yama-maï* que je vous ai promise, et j'ai profité de ce retard pour me
livrer à un examen que je ne recommencerai pas une autre année, certai-
nement, car il est aussi fastidieux que pénible.

J'ai vérifié à nouveau tous les œufs que j'ai récoltés cette année, ce qui
a été long, car j'ai toujours opéré dans une chambre sans feu, pour éviter
d'émouvoir, par une température trop élevée, les jeunes chenilles qui sont
comme en état d'hibernation dans les œufs.

J'ai examiné et compté un par un tous les œufs que j'ai cru pouvoi
classer comme bons, et j'en ai fait des petits paquets d'un gramme chaque,
étiquetés quant au nombre, qui varie de 123 à 136. Les balances dont je me
suis servi trébuchent très-facilement sous le poids d'un œuf en plus ou en
moins et, dans les conditions où j'ai opéré, chaque lo' contenait *un gramme
juste, au jour où la pesée a été faite.*

Je suis arrivé par ce travail à une modification sensible dans les nombres
que j'avais signalés dans la Note que j'ai eu l'honneur de vous adresser le
mois dernier, et je trouve actuellement :

1° OEufs gris présumés bons (comptés un par un)...	40g56 =	5237
2° OEufs blancs présumés bons, comptés de même.	2,35 =	348
3° OEufs gris classés douteux (mais que je crois mauvais); trois paquets d'un gramme pris arbitrairement dans la masse, comptés un à un, le reste évalué à raison de 125,5 par gramme........	10,31 =	1294
4° OEufs gris reconnus mauvais, 4 grammes comptés ; le reste évalué à raison de 136,65 par gramme..............................	13,07 =	1786
5° OEufs blancs mauvais, comptés un à un........	2,88 =	396
		9061
6° Résidu probablement bon....................	»	10
7° OEufs perdus, écrasés, ouverts : une centaine ? ..	»	100
	69,17	
Nombre total des œufs récoltés..................		9171

Ce nombre divisé par 57, nombre des femelles qui ont pondu, me donne

de ceux qu'on a cru pouvoir classer comme bons une ving-
taine de jours après les pontes terminées.

En tenant compte de ce chiffre ainsi que de ceux que nous
avons donnés plus haut, il faut compter 455 œufs à retrancher
des 7074 gris qui ont été classés primitivement comme bons
et il n'en restera plus que 6619 aptes à donner des larves.
Quant aux œufs classés douteux et aux blancs, je pense que la
réduction de 6 1/2 pour 100 serait de beaucoup trop faible
et qu'il est plus prudent de la porter à 30, ce qui donne pour
les deux catégories réunies 578 à retrancher de l'ensemble,
et par conséquent, 1351 pour le nombre des petites chenilles
sur lesquelles il est permis de compter. Ce dernier nombre
ajouté à celui de 6619 trouvé plus haut, limite à 7970 les naissances probables en 1873. Prenons, si l'on veut, 8000 en nom-

pour la ponte moyenne $\dfrac{9171}{57} = 160,9$, chiffre qui a l'avantage de se rap-
procher singulièrement du nombre d'œufs (166) que j'ai extraits de l'abdomen de la femelle qui était morte sans avoir pu se débarrasser de ses
œufs.

Dans mon précédent travail, j'avais évalué la ponte totale de cette année
à 12 000 œufs, et j'en avais déduit comme ponte moyenne $\dfrac{12\,000}{57} = 210,5$.

C'était une erreur, et j'en conviens sans difficulté ; je ne mettrai jamais
d'amour-propre à soutenir une chose fausse pour ne pas avouer que je me
suis trompé ! Il n'y a, je crois, que ceux qui ne font rien qui ne se trom-
pent jamais.

J'ai ouvert encore des œufs et j'ai examiné attentivement ceux que j'ai
eu la maladresse d'écraser. Dans tous ceux que j'avais classés *en dernier
lieu* comme bons j'ai trouvé des chenilles, et j'ai constaté même qu'elles
s'étaient accrues et qu'elles étaient sensiblement plus grosses que je ne les
avais trouvées le 22 septembre. J'ai ouvert aussi des œufs classés comme
douteux et je n'y ai trouvé que le liquide coloré en vert que j'ai déjà signalé
bien des fois : et pourtant ces œufs pèsent autant que les bons !

Je vous avais accusé précédemment 93 gr. 84 de graine qui, au mois d'octobre (le 23), se trouvaient réduits à 88 gr. 58, et le poids total n'est plus
maintenant que de 69 gr. 17. Vous voyez combien l'évaporation des liquides
amène de déchet vers le quatrième mois après la ponte.

P. S. — Je viens de compter aujourd'hui (20 décembre) tous les œufs
classés douteux, et l'opération m'a donné au total 1284, bien voisin comme
chiffre de ce que j'avais déduit par des pesées, soit 1294.

Note ajoutée pendant l'impression.

bre rond, mais n'oublions pas de tenir compte de l'expérience
des années précédentes ; elle prouve qu'il y a un déchet considérable dont il faut tenir compte en raison de la mortalité qui
sévit sur les petites chenilles pendant les premiers jours de
leur naissance. Ce déchet atteint le chiffre énorme de 49
pour 100 ; c'est donc 3900, à peu de chose près, qu'il faut retrancher de 8000, et l'on arrive ainsi à 4100 pour le rendement
présumable en cocons, d'une ponte de 56 femelles fécondées.

Tels sont, dans ma pensée, les résultats effectifs de même
que ceux éventuels de mon éducation de *Yama-maï* en 187 .

Qu'il me soit permis maintenant de faire brièvement la
revue rétrospective de celles que j'ai conduites à partir de
1864. Il n'est par inutile, peut-être, de voir d'ensemble les
phases qu'a présentées cette longue étude, et l'on sera, je
pense, en mesure d'apprécier plus sûrement ensuite si je suis
enfin dans la réalité ou si je me berce encore de vaines illu-
sions.

Il y a quelques années, j'ai entretenu la Société du récit de
l'affreuse maladie qui m'a enlevé consécutivement trois éducations, sans qu'il m'ait été possible de sauver un seul sujet.
D'autres aussi ont éprouvé les mêmes revers, et pour un
moment j'ai craint que l'élevage du *Yama-maï* ne fût impra-
ticable dans nos contrées. D'un peu plus j'aurais renoncé à
tout essai nouveau.

Toutefois, comme j'éprouvais quelque honte de m'avouer
vaincu, je me pris à réfléchir sur ce qui m'arrivait et à repasser
minutieusement dans ma mémoire ce que j'avais fait chaque
fois, de même que les circonstances particulières qui avaient
pu caractériser ou influencer chacune de mes tentatives.
Cette pensée ne me quittait plus.

La première éducation que j'ai tentée, celle de 1864, avait
réussi, le fait n'était pas contestable. Pourtant le succès n'a-
vait rien eu de bien brillant, car nous avions en tout une
trentaine de larves que des maladresses et des accidents
avaient ramenées à 12 seulement. Mais au moins ces 12 chenilles, belles et vigoureuses, avaient filé 12 cocons qui nous
avaient donné 12 papillons bien conformés, dont 4 femelles.

Sur les 4 femelles, 3 s'étaient accouplées et nous avaient donné des œufs de bonne qualité. Je dis nous, parce que, alors, j'opérais avec M. Belhomme, jardinier en chef du Jardin botanique de Metz.

Pourquoi avions-nous réussi alors, et pourquoi depuis n'avions-nous eu que des revers complets, absolus?

Presque toutes nos larves se décoloraient vers la fin du deuxième âge ou, au plus tard, vers le commencement du troisième. Le plus grand nombre mourait de dyssenterie. Quant à celles qui parvenaient au quatrième âge, elles ne tardaient pas à se moucheter de petits points roux presque imperceptibles d'abord, fonçant en teinte rapidement, puis se réunissant pour former de larges taches d'un noir profond quasi velouté, qui envahissaient toute la surface du corps, et, en trois ou quatre jours, amenaient la pourriture et la mort.

Et rien de semblable ne s'était manifesté en 1864!

Afin d'avoir plus de facilité pour suivre jour par jour, heure par heure, les phases de l'éducation, j'avais eu la pensée de répartir les larves par groupes de quinze ou vingt, sur de jeunes rameaux de chêne dont on entretenait la fraîcheur en les mettant dans des bouteilles remplies d'eau, avec addition de charbon pour absorber les gaz fétides.

Cette disposition permettait à l'œil de saisir aisément et rapidement ce qui se passait dans chaque groupe, et donnait en outre la facilité de les espacer à volonté et de les isoler au besoin, en cas d'épidémie. Un motif encore qui m'avait déterminé à préférer les rameaux de l'année, c'est qu'étant bien plus courts que des branches et d'un poids bien moindre relativement aux vases où ils plongeaient, on n'avait point à redouter de les voir renversés au moindre choc, ou bien encore au plus léger défaut d'équilibre, quand un caprice des vers les faisait se porter tous à la fois d'un même côté (1).

Qu'il y eût beaucoup ou peu de vers sur les rameaux d'une

(1) Cet accident, que j'ai vu se produire plusieurs fois pour le *Yama-maï* et antérieurement aussi, pour le *Bombyx Cynthia*, a été en grande partie cause de la déplorable méthode que j'avais adoptée et dans laquelle je me suis malheureusement attardé.

bouteille, que les bouteilles fussent ou non écartées les unes des autres, rien n'y faisait ; trois années de suite la mortalité a sévi avec une implacable rigueur sur mes pauvres élèves ! Ces trois années fatales ne m'ont pas laissé une seule larve qui soit arrivée à son cinquième âge, si ce n'est en 1865. Cette année-là, quelques jeunes branches mêlées avec les rameaux pendant le troisième âge, avaient malheureusement déterminé les chutes dont je viens de parler.

Force m'a été de supposer que, sans m'en douter, j'avais empoisonné mes *Yama-maï* par la manière dont je les nourrissais.

Quand une fois cette idée m'eût traversé l'esprit, tout m'a semblé s'éclairer d'un jour nouveau ! C'est alors seulement que j'ai été frappé de la pensée que notre première éducation, si restreinte qu'elle eût été, nous avait donné cependant des sujets vigoureux qui avaient parcouru toute leur carrière sans montrer la plus légère apparence de maladie.

Qu'avions-nous fait cette première fois ?

Nous avions mis tout d'abord les petites chenilles sur de jeunes chênes en pots, forcés à l'avance afin de donner des feuilles en mars et avril ; puis au mois de mai, quand les chênes de pleine terre en avaient eu à leur tour, nous avions transporté les larves sur de fortes branches, et non sur des rameaux !

Avec des branches plongées dans l'eau, nous avions réussi la première fois ; avec des rameaux de l'année plongés dans l'eau, j'avais perdu trois ans de suite tous mes *Yama-maï*. En 1866 et en 1867, pas un n'avait atteint son cinquième âge, en 1865, au contraire, quelques-uns avaient franchi la quatrième mue et, cette année-là, les vers avaient eu quelques jeunes branches mêlées avec les rameaux ! donc c'était là que se trouvait le nœud de la question...

Il n'y avait plus à hésiter ! Aussi, en 1868, suis-je revenu à l'usage des branches à l'exclusion absolue des rameaux de l'année. A partir d'alors, j'ai obtenu de nouveau des cocons et des papillons ! Je dois avouer pourtant que je ne suis pas rentré assez franchement encore, à cette époque, dans la voie qui était la seule bonne, car en 1868 et en 1869, je n'ai donné à mes *Yama-maï* que de trop jeunes branches ; bien que le bois en fût assez mûr, elles ne dépassaient pas la grosseur d'un crayon et c'est à cela que j'attribue d'avoir trouvé ces deux années-là des nymphes mortes dans leur cocon.

C'est à l'extrême bienveillance de M. Maumenet, de Nîmes, que j'ai dû, en 1868 et 1869, les œufs d'*Yama-maï* qui m'ont permis de faire deux petites éducations en suivant la pente nouvelle de mes idées. Leur réussite relative m'a démontré que j'étais enfin rentré dans le bon chemin, et je suis tout heureux de pouvoir exprimer ici mon entière gratitude à ce généreux confrère. Si je n'ai point obtenu d'accouplements dans ces deux expériences, qui prolongeaient encore mes épreuves en soutenant cependant mon espoir et ma confiance, c'est qu'en 1868, par un bien singulier hasard, sur huit cocons, les seuls que j'ai eus, pas un n'a donné de femelle ; et qu'en 1869, bien que j'aie obtenu les deux sexes, indépendamment de ce que j'avais encore un trop petit nombre de sujets, je me suis obstiné dans une idée fausse.

Pour contraindre mes papillons à s'accoupler plus sûrement, je les réunissais par paires dans de petites cages en grosse gaze de coton et c'est là, je le reconnais bien à présent, une pratique pernicieuse. Je n'ai réussi par ce procédé funeste qu'à faire estropier mes pauvres insectes ; les mâles surtout se brisaient les ailes et s'arrachaient les crochets des tarses, sans vouloir s'accoupler, tant et si bien que les femelles n'ont fait que des pontes stériles.

Vers la fin de 1869, M. Maumenet m'écrivit pour m'exprimer le regret de ne pouvoir plus m'envoyer de graine, comme par le passé, par la raison qu'il venait de perdre lui-même tous ses *Yama-maï*, qu'il avait constamment réussis jusque-là. Cette nouvelle me fut extrêmement sensible, car c'est au moment même où je croyais tenir le succès que tout allait me manquer. Heureusement la Société d'acclimatation reçut, à la fin de janvier 1870, des œufs de provenance directe du Japon, et elle daigna me comprendre dans la répartition qu'elle fit en février de cette graine précieuse. Grâce à ce généreux envoi, j'ai pu reprendre sans interruption la série de mes observations et, Dieu merci! depuis cette époque, le succès ne m'a plus fait défaut.

La graine que j'ai été si heureux de recevoir quand je croyais tout perdu, avait beaucoup souffert dans le trajet du Japon en Europe, car, indépendamment des œufs éclos et de ceux évidemment stériles qui s'y trouvaient à foison, le reste exhalait une odeur de moisissure du plus fâcheux augure (1). Néanmoins, j'ai eu la bonne chance d'élever 200 larves environ, qui m'ont donné 185 cocons, d'où sont sortis 175 papillons dont 79 mâles et 96 femelles.

En 1870, j'étais encore sous l'influence de mon idée malencontreuse des cages à mariages, mais cette fois je leur ai donné des dimensions sensiblement plus grandes que les deux années précédentes. Cette précaution, malgré que la mesure ne fût point encore assez large, m'a valu cependant un certain nombre d'accouplements et par suite une quantité raisonnable d'œufs de bonne qualité.

L'éducation de 1870 a été pour moi d'un précieux enseignement, car, si j'ai eu, cette fois encore, quelques larves mortes de maladie, il y en a eu du moins fort peu (2), et j'ai pu constater la très-heureuse influence d'une nourriture saine et substantielle sur l'état général de santé des *Yama-maï.*

Quelques larves, en effet, ont montré, à différents âges, de petites taches noires nettement circonscrites et comme creusées dans l'épaisseur de la peau, semblables à celles qu'on observe sur le ver du mûrier quand il est atteint de la gattine; mais ces taches ont disparu à la mue suivante et les

(1) Une Note de M. Guérin-Méneville, insérée dans la *Revue et magasin de Zoologie* (numéro de février 1870), n'évalue pas à plus de 20 pour 100 la quantité d'œufs de cet envoi dont on pût attendre des naissances.

(2) J'ai perdu quinze larves en tout; deux sont mortes en pourriture et quatre, au contraire, se sont indurées et comme ratatinées à la quatrième mue. Pour le surplus, les neuf autres ont péri soit noyées, soit écrasées, soit qu'elles aient disparu sans qu'on s'en soit aperçu; peut-être même y en a-t-il eu de jetées, par mégarde, avec des branches sèches, ce qui arrive plus souvent qu'on ne pense.

larves ont reparu parfaitement saines après avoir changé de peau. J'en ai observé tout particulièrement une, du quatrième âge, dont les griffes étaient en partie détruites par cette maladie, que je n'avais pas encore remarquée sur le *Yama-maï* et que je n'ai plus revue depuis. Après avoir changé de peau, ce ver s'est présenté superbe à son cinquième âge et sans la moindre défectuosité dans aucun de ses organes.

Les terribles malheurs qui se sont abattus, en 1870 et en 1871, sur la France et tout particulièrement sur notre pauvre Lorraine, m'ont mis dans l'impossibilité de rien préparer pour l'éclosion qui devait arriver en avril 1871. Outre que les maisons en ville étaient pleines de Prussiens, les propriétés de campagne en étaient bondées aussi, et je n'avais nulle part la libre disposition d'un endroit pour forcer de jeunes chênes. Eussé-je eu d'ailleurs des arbustes disposés pour une éducation en expectative, que nos bons Prussiens s'en seraient emparés, pour le plaisir de détruire, comme ils faisaient de tout ce qui leur tombait sous la main, surtout dans les campagnes.

L'éclosion s'est faite, comme je m'y attendais, vers le 15 avril, avec un ensemble remarquable, et j'ai eu le chagrin de voir mourir par centaines, faute de pouvoir leur donner une feuille, les petites chenilles qui sortaient si bien !

Il me restait pourtant une lueur d'espérance ! L'éclosion de 1870 s'était faite en deux temps bien marqués ; il y en avait eu en quelque sorte deux, et la seconde ne s'était déclarée que dans les huit premiers jours du mois de mai. Peut-être en serait-il de même en 1871 ! J'attendais donc avec résignation, sinon avec grande confiance, les bourgeons des chênes de pleine terre, et le 5 mai seulement j'ai pu, à ma grande satisfaction, en rapporter de la campagne de bien jeunes encore, mais qui pouvaient du moins me permettre de conserver quelques vers en attendant que les feuilles devinssent plus abondantes. J'ai sauvé de la sorte 23 retardataires nés dans les premiers jours du mois de mai, jusqu'au 6 inclus. Cette date passée, il n'est plus sorti une seule larve.

J'étais réduit à bien peu de chose ! mais grâce à Dieu j'en

avais fini avec les graves mécomptes. Cette éducation, trop restreinte sans doute, a marché aussi régulièrement que je pouvais le désirer, et cependant j'ai perdu encore trois larves pendant sa durée. Une est morte aussitôt après sa première mue ; elle avait mis deux jours pour se débarrasser de sa vieille peau ; une autre a disparu par accident pendant le second sommeil, et la dernière s'est noyée au troisième âge, sans qu'il ait été possible de la rappeler à la vie, ce qui m'est arrivé parfois avec d'autres vers quand l'immersion n'avait pas duré trop longtemps. Enfin, les 20 vers sur lesquels reposaient toutes mes espérances ont filé leurs cocons entre le 12 et le 26 juillet, avec un écart de quatorze jours qui me semblait un peu long eu égard au petit nombre de papillons à venir.

C'est en 1871 que j'ai modifié complétement ma méthode pour obtenir des accouplements. Ce que j'avais lu de l'instinct admirable et de l'exquise perfection des sens qui conduisent infailliblement les mâles de Bombyx, et vraisemblablement de tous les insectes, vers leurs femelles me détermina à employer un procédé qui m'a parfaitement réussi.

J'ai disposé en chambre nuptiale un cabinet de 5 mètres de longueur, sur 2 de hauteur et 1 1/2 de largeur, et pour ce faire j'ai recouvert toutes ses faces d'une tenture en grosse gaze de coton pareille à celle que j'employais pour les cages. Une chambre plus grande serait préférable encore, j'en suis convaincu, surtout si le nombre des papillons attendus devait être considérable.

Quand cette loge a été prête, j'ai suspendu au plafond, en les écartant convenablement, tous les bouts de branches qui portaient les cocons, que je ne détache jamais avant l'éclosion des feuilles où ils ont été fixés.

Ces précautions prises, j'ai attendu le résultat de mon expérience. Le 21 août, pas un papillon n'avait encore paru. A ce moment, j'ai dû faire une absence d'une dizaine de jours ; mais je partais sans inquiétude, car j'étais bien certain qu'aucun de mes captifs ne pourrait s'échapper.

Le 31, à mon retour, j'ai constaté la présence de 19 papil-

lons, mais j'ai attendu que tous fussent morts avant de péné-
trer dans l'espèce de pavillon où je les avais confinés. Ils y
avaient trouvé un espace suffisant pour se croire libres, et je
n'ai eu qu'à me louer du moyen que j'avais employé. Le 13
septembre, il y avait encore trois femelles en vie, et la dernière n'est morte qu'après quinze jours au moins d'existence.

Quand je suis entré dans la chambre (1), j'ai reconnu 10 mâles et 9 femelles, tous parfaitement constitués. Un cocon
n'avait pas donné son papillon qui était resté mort dans son
enveloppe de soie, sans pouvoir la percer.

Les 9 femelles m'ont donné environ 1900 œufs, sur lesquels 240 ont été reconnus complétement stériles, vers la fin
d'octobre. Il y avait en conséquence 1660 œufs sur lesquels
on pouvait compter à peu près. J'ai gardé, pour l'éducation de
1872, le quart environ des œufs présumés bons, soit 415, et
ils n'ont donné en tout que 240 petites chenilles dont 120 seulement ont filé leur cocon. On peut d'après cela se faire une
idée de la quantité d'œufs nécessaire pour obtenir un rendement de 1000 cocons. En effet, dans les conditions que je
viens d'indiquer, la ponte entière des 9 femelles aurait donné
quatre fois ce que j'ai obtenu, soit 480 cocons, et par une
simple proportion on trouve qu'il faudrait bien près de 19 femelles pour donner le résultat demandé. Comme on peut
évaluer à 210 le nombre d'œufs d'une ponte moyenne, on
voit qu'il en faudrait à très-peu près 3990, 4000 en nombre
rond, pour avoir les 1000 cocons (2).

J'ai cherché à me rendre compte du poids de 1000 cocons

(1) Il est prudent de prendre des précautions pour entrer dans la chambre nuptiale, en raison de la quantité considérable de poussière que les
papillons abandonnent, les mâles surtout, pendant leur vol et leurs ébats,
en frappant de leurs ailes les tentures qui tapissent leur prison. Cette poussière, que la moindre agitation de l'air soulève, occasionne une assez vive
irritation des muqueuses en s'introduisant dans les narines et même dans
la gorge.

(2) Je suis porté à croire cependant que les conditions pour l'éducation
de 1873 se présentent sous un aspect un peu plus favorable, car d'après les
probabilités que je crois avoir établies consciencieusement pour les œufs
récoltés en 1872, il me semble que la ponte des cinquante-six femelles qui

vivants, et comme l'opération n'est pas aussi simple qu'elle
en a l'air, quand on a peu de sujets et qu'on appréhende de
compromettre leur existence, je donne ici comme un *à peu
près* l'évaluation que j'ai faite en 1870. J'ai choisi, à leurs
dimensions, un cocon mâle et un cocon femelle que j'ai dé-
barrassés l'un et l'autre de leurs supports. Le cocon mâle
avait déjà 56 jours de formation, et le cocon femelle en comp-
tait 46. Le mâle pesait 3 gr. 33 cent., et la femelle 7 gr. 99 c.;
j'en ai déduit, pour le poids moyen du cocon, 5 gr. 66 cent.,
poids que crois plutôt faible que trop fort. 1000 cocons doivent donc peser à peu de chose près 5660 grammes. Il est
évident qu'il faut admettre, pour que mon calcul soit exact,
que, sur 1000 cocons, on trouvera autant de mâles que de
femelles. Bien que ce ne soit là qu'une hypothèse, je suis
porté à croire qu'elle ne s'éloigne guère de la réalité (1).

J'ai dit, au commencement de cette Note, déjà bien longue,
que les *Yama-maï* élevés dans de bonnes conditions hygié-
niques étaient d'une rusticité remarquable et bien supérieure,
en 1872, à celle de leurs parents de 1870. Je demande la
permission de citer deux exemples frappants de leur vigueur
actuelle.

Premier exemple :

Le 14 juin, je transportais un ver magnifique du quatrième
âge pour le déposer sur une branche fraîche; chemin faisant,
j'ai trébuché, et la secousse que je lui ai imprimée l'a fait

ont été fécondées permet d'attendre un rendement de quatre mille cocons.
C'est avec un soin tout particulier et en vue du présent travail que j'ai
compté et examiné les œufs pondus en 1872. D'après l'hypothèse actuelle,
il faudrait soixante-seize femelles au lieu de cinquante-six. L'expérience
démontrera la justesse ou l'inanité de mes appréciations.

(1) Nombres proportionnels des *Yama-maï* mâles et femelles que j'ai eus
pendant les trois années 1870, 1871, 1872, sur cent papillons :

	Mâles.	Femelles.
En 1870	45	55
En 1871	55	45
En 1872	50,833	49,88
Moyenne proportionnelle sur l'en-		
semble des trois années	50,277	49,66

tomber de plus d'un mètre de haut. Sa chute a été si lourde que le sang a suinté immédiatement en grosses gouttes des deux segments antérieurs. J'ai cru qu'il était perdu, car de plein et ferme qu'il était l'instant d'auparavant, il devint flasque aussitôt, et son corps s'aplatissait en prenant l'empreinte des objets sur lesquels il posait. Néanmoins, je l'ai déposé sur un bout de branche mis à plat sur une table et il y est resté inerte, ayant à peine la force de s'accrocher; il était alors dix heures du matin. Quand je revins le soir, vers six heures, faire l'inspection de mes vers, je fus agréablement surpris de voir que le blessé avait fini par se fixer solidement à sa branche, et le lendemain 15 je fus bien plus étonné encore en m'apercevant qu'il était entré en sommeil. Je l'ai isolé avec soin pour savoir comment il se comporterait, et, à ma grande satisfaction, le 18 au matin il avait achevé sa mue comme si rien de fâcheux ne lui était arrivé. Très-certainement il est devenu papillon, car depuis le quatrième âge je n'ai perdu aucune larve et, de plus, pas une nymphe n'a péri.

Deuxième exemple :

Le 26 juin, en faisant ma visite quotidienne du matin, j'ai aperçu un de mes *Yama-maï* qui était descendu des branches sur la table où il avait l'attitude la plus piteuse. Il était couvert de larges taches noirâtres à droite et à gauche sur les trois premiers segments, et l'idée me vint de suite qu'il était atteint de l'affreuse maladie qui m'avait enlevé jadis tous mes vers. Mais comme c'était la première larve qui m'eût présenté, après 1867, cette fâcheuse apparence, je l'ai mise à part pour l'observer minutieusement, afin de savoir comment elle finirait et si j'aurais à constater un cas nouveau, mais isolé, de l'épidémie qui s'était montrée si violente pendant trois années de suite.

Le 27, les taches étaient toujours les mêmes, et je remarquai en plus une bande transversale noire, à laquelle je n'avais pas pris garde la veille et qui recouvrait en totalité la région de la troisième paire de pattes écailleuses.

Le 28, la larve mangeait avec appétit, mais elle semblait éprouver de la difficulté pour maintenir la tranche de la feuille

dans l'échancrure du labre à portée de ses mandibules ; elle
ne se servait que des deux premières paires de pattes, la troisième ne fonctionnait pas. J'ai examiné alors très-attentivement cette chenille, pour tâcher de découvrir la cause d'un
fait qui m'intriguait beaucoup, et j'ai fini par reconnaître que
la troisième paire avait été coupée ! Comment cela avait-il pu
arriver? Je l'ignore ; mais c'était là, sans contredit, une blessure très-grave, qui avait dû amener une forte hémorrha-
gie (1) et qui, dans ma pensée, pouvait entraîner la mort du
ver. Je n'espérais donc pas grand'chose de mon mutilé, mais
comme, après tout, il mangeait bien, j'ai tenu à l'observer
jusqu'au bout, afin de voir s'il prendrait le dessus et s'il par-
viendrait à filer un cocon.

Le 6 juillet, dix jours après avoir été si cruellement blessé,
ce brave ver s'est mis courageusement à la besogne, et les
jours suivants son cocon est devenu très-ferme, ce qui prou-
vait qu'il avait été filé entièrement. D'après sa dimension,
j'ai pu conjecturer qu'il donnerait une femelle, au cas où il
éclorait. Cette étude stimulait vivement ma curiosité, aussi,
en attribuant à ce cocon son numéro d'ordre, le numéro 57,
je l'ai mis à part pour vérifier scrupuleusement le papillon
qu'il donnerait, si toutefois il en donnait un, et, le cas échéant,
savoir si l'insecte serait complet ou bien si l'ablation des
pattes cornées de la larve amènerait une défectuosité corres-
pondante dans ses organes ambulatoires.

J'ai eu la bonne fortune de voir cette étude arriver heureusement à son terme, et le 19 août, quarante-quatre jours
après que le cocon avait été commencé, il en est sorti une
femelle de la variété rousse, d'un très-beau développement ;
mais elle n'avait que *quatre* pattes !...

Après avoir signalé ces deux exemples remarquables de la
vigueur et de la rusticité du *Yama-maï*, il me reste à faire

(1) J'ai maintes fois remarqué, à la suite de lésions plus ou moins graves,
que le sang d'une larve, quand il séchait sur la peau, y laissait des taches
oirâtres, d'apparence sale et à contours mal définis, et comme estompés
partout où il s'était répandu.

ressortir, comme contre-partie, toute la délicatesse de sa larve au premier âge.

On a vu les réserves que j'ai faites au sujet de la graine de ce magnifique Bombyx; c'est qu'en effet les femelles fécondées pondent toujours des œufs stériles mélangés avec les bons, et même en nombre considérable, que je ne crains pas d'évaluer à 34 pour 100 du chiffre total. Eh bien! indépendamment du déchet occasionné par l'énorme quantité relative de ces œufs mauvais, il s'en produit encore, dans toute éducation commencée, un autre non moins grand dont il importe de tenir compte si l'on veut se mettre en garde contre de trop fortes déceptions. Je veux parler de la mortalité qui frappe les jeunes larves pendant les trois ou quatre premiers jours de leur naissance, et que je ne suis pas loin de porter à 49 pour 100 des éclosions, en tenant compte des résultats observés dans toutes les éducations que j'ai conduites jusqu'ici.

Ce déchet prodigieux peut être attribué, je pense, à ce que beaucoup de petites chenilles qui ont la force de percer leur coquille, sont pourtant d'une constitution trop débile pour fournir une carrière. Aussi longtemps que dure l'éclosion, et deux ou trois jours encore après qu'elle est achevée, le sol est jonché de petits cadavres au-dessous des chênes où sont déposés les jeunes élèves, et le même phénomène se reproduit chaque année!

Règle générale, toute chenille qui ne sait pas se maintenir sur les feuilles est une chenille perdue; c'est en vain qu'on la la relève, elle retombe incontinent et meurt de faim, parce qu'elle n'a pas la force d'entamer les feuilles dont elle devrait se nourrir. Mais aussi toute larve qui a fait sa première mue filera son cocon, sauf les accidents qu'il est impossible d'éviter tous.

Il me reste un mot à dire encore sur les œufs d'*Yama-maï*, et c'est au sujet de la petite chenille qui s'y développe peu de temps après la ponte, quand l'œuf est fécond. J'avoue que je me croyais en mesure d'affirmer, cette année, que le fait n'était pas exact pour les œufs pondus en Europe, et je m'étais même fabriqué sur ce chapitre une petite théorie qui me semblait très-satisfaisante. Mais il n'y a pas de théorie qui tienne contre un fait, et le fait vient de me prouver que je m'étais toujours trompé jusqu'au 22 septembre dernier.

Ce jour-là, j'ai ouvert, comme j'avais fait les années précédentes, un œuf gris qui me semblait bon, et j'y ai trouvé, contre mon attente, je ne fais aucune difficulté d'en convenir, une jeune chenille toute formée et bien reconnaissable avec sa petite tête rouge. J'ai tenté la même épreuve sur un œuf blanc de belle apparence aussi, mais je n'y ai trouvé que le liquide vert que j'avais rencontré constamment dans ceux que j'avais ouverts jusqu'à présent sans y voir de larves. J'ai recommencé l'expérience sur un autre œuf gris bien plein, et j'y ai trouvé encore une petite chenille. Suffisamment renseigné par ces deux observations, qui mettaient à néant les idées que je m'étais forgées de bonne foi, je n'ai pas poussé plus loin mes investigations, par la raison concluante qu'un fait positif détruit d'un seul coup toutes les observations négatives antérieures.

En creusant un peu ce phénomène, que je suis heureux d'avoir enfin constaté par mes yeux, j'ai cru pouvoir me rendre compte du petit nombre de larves que donnent les œufs présumés bons. Puisqu'il est constant que j'en avais ouvert bon nombre chaque année, en octobre et novembre, ainsi qu'en février et en mars, et que ceux que j'avais ouverts étaient invariablement choisis parmi les plus beaux, sans que j'y eusse jamais trouvé, jusqu'à présent, de petites chenilles, il faut bien admettre qu'il y a quantité d'œufs qui se conservent pleins, comme s'ils avaient un germe, et qui ne sont en réalité que des œufs clairs !

D'après ce que j'ai consigné dans cette Notice, il ressort évidemment que c'est en réfléchissant sur mes maladresses que je suis arrivé à un procédé raisonnable et efficace, je l'espère, pour élever le précieux Bombyx du Japon. Maintenant que mes tribulations sont reléguées dans le passé, je ne saurais pas vraiment les regretter, car chacune de mes fautes est devenue pour moi un enseignement et m'a aidé à rentrer dans la bonne voie, celle qui m'a conduit cette année à la cinquième réussite.

Voici comme conclusion, d'après l'expérience que j'ai acquise en la payant un peu cher, comment je crois qu'il convient de diriger une éducation d'*Yama-maï*.

1° Se précautionner, en temps opportun, de jeunes Chênes en nombre proportionné à celui des larves qu'on se propose d'élever, et les forcer en serre pour qu'ils aient des feuilles dès les premiers jours d'avril, afin de n'être pas surpris par une éclosion prématurée. Le *Yama-maï* accepte toutes les espèces de Chênes, mais il m'a paru que le Chêne blanc est celui qu'il préfère. Il faut donc en avoir, en pots, un nombre suffisant pour que les jeunes chenilles puissent y faire leur première mue et atteindre au besoin le second sommeil, afin de parer au cas où les Chênes des bois éprouveraient un retard inusité.

2° Aussitôt que les Chênes de pleine terre ont des feuilles, on doit offrir aux larves des branches dont le bois ait au moins *deux ans*, et j'ajoute que plus elles seront fortes et mieux elles vaudront pour la santé et la bonne réussite des vers. C'est ainsi qu'a opéré M. Votte, instituteur à Romorantin, qui le dit très-nettement en ces termes (1) : « Après avoir mangé les feuilles des Chênes transplantés, les vers ont été élevés sur des branches de *un* à *deux* mètres de longueur déposées dans des cruches remplies d'eau et enfermées en terre. » C'est clair, c'est précis, et là se trouve tout le secret de son admirable réussite de 1871, dont je le félicite de grand cœur.

Le bois de Chêne, quand il est bien mûr, peut se conserver dans l'eau, sans préjudice pour les vers, pendant quatre ou cinq jours et même six; les feuilles se conservent fraîches et sont entretenues par la sève, qui se trouve dans les branches où elle est remplacée de proche en proche par de l'eau absorbée, mais qui n'arrive probablement pas jusqu'à elles. Chose importante et bien remarquable, l'eau des récipients ne contracte point, ou ne contracte que très-peu d'odeur par

(1) Voyez le *Bulletin de la Société d'acclimatation*, n° 5, mai 1872, p. 307-308-309.

le séjour prolongé du bois mûr, tandis qu'elle devient fétide en moins de vingt-quatre heures par l'immersion des jeunes rameaux, nonobstant la présence du charbon ; c'est du moins ce que j'ai observé quand je m'obstinais à empoisonner mes pauvres vers, en leur donnant, pour ma plus grande commodité, des jeunes pousses de l'année.

3° Un procédé qu'il faut éviter presque à l'égal de l'élevage sur les rameaux, c'est de déposer les vers sur un arbre en enveloppant d'un manchon la branche qui les porte. J'ai essayé cette méthode et jamais, que je sache, personne n'a réussi, ni moi ni d'autres. Les *Yama-maï*, comme toutes les chenilles, ont besoin de beaucoup d'air, et d'air pur qui les baigne et puisse se renouveler constamment. Du reste, ils ne sont pas bien exigeants pour la température, si ce n'est peut-être pendant le premier âge, et encore! passé cette époque, si le froid survient, il les retarde sans doute, mais il ne les fait pas mourir.

4° Les arrosages sont bons, mais je crois qu'il convient de ne pas en abuser. Je ne les emploie que par les temps chauds et très secs, ou bien par les temps lourds et orageux ; dans ces conditions de l'atmosphère, les vers deviennent inquiets, ils quittent volontiers les branches et rôdent partout comme s'ils cherchaient quelque chose qui leur manquât. En semblable occurrence, je les arrose abondamment, et la pluie artificielle dont je les couvre semble les calmer en même temps qu'elle les rafraîchit.

5° Enfin, pour avoir des pontes fructueuses, il faut, à mon avis, laisser les cocons sur les bouts de branches où ils ont été fixés et les suspendre dans une chambre préparée à cet effet et assez vaste pour que les papillons, quand ils sont éclos, puissent se croire en liberté. Quand on a un nombre de cocons suffisant, on peut toujours être assuré que les sexes se trouveront en présence ; car, les papillons ne restant pas tous un temps égal à l'état de nymphe, il y a toujours des mâles et des femelles qui éclosent simultanément. Aussitôt que les mâles ont séché leurs ailes, ils volent parfaitement et ne sont point embarrassés pour trouver les femelles, qui bougent rarement et changent peu de place.

Une observation que j'ai pu faire, en 1870, c'est que les soubresauts très-vifs qu'on remarque chez les cocons quatre ou cinq jours après qu'ils ont été filés, tiennent aux mouvements brusques et saccadés qui agitent la nymphe quand elle est formée et qu'elle s'efforce de déchirer sa peau de larve pour s'en débarrasser. J'ai eu l'occasion de vérifier ce fait, qui m'avait toujours intrigué, sur une larve qui avait répandu sa soie en nappe, et qui a fini par se transformer dans un cornet où je l'avais déposée. Cette nymphe sans cocon a donné un papillon dont les ailes se sont mal développées. Comme le cornet était sur une table, le papillon, en sortant, n'a pas trouvé à sa portée un endroit convenable pour se suspendre, ce qui a été cause que ses ailes se sont séchées sans qu'il ait pu les étaler, comme cela a lieu d'habitude, en se balançant légèrement et lentement pendant une heure environ.

Les soubresauts qui se manifestent peu de temps après la formation du cocon se reproduisent encore deux ou trois jours avant l'éclosion des papillons. Ils sont motivés, je suppose, par des circonstances analogues, mais jusqu'ici je ne m'en suis point encore assuré par l'observation directe.

Veuillez excuser, je vous prie, l'extrême longueur de cette communication et recevoir l'assurance des sentiments de considération très-distinguée avec lesquels j'ai l'honneur d'être,

Monsieur le secrétaire général,

Votre très-humble serviteur.

DE SAULCY.

Metz, le 9 novembre 1872.

PARIS. — IMPRIMERIE DE E. MARTINET, RUE MIGNON, 2.

TIRAGES A PART EN VENTE AU SIÉGE DE LA SOCIÉTÉ

RUE DE LILLE, 19.

Outre ces tirages, que la Société possède *en nombre*, il lui en reste encore beaucoup d'autres, en moins grande quantité, qui n'ont pu trouver place dans cette liste.

EXTRAITS DES STATUTS ET RÈGLEMENTS

Le but de la Société est de concourir :

1° A l'introduction, à l'acclimatation et à la domestication des espèces d'animaux utiles et d'ornement ;

2° Au perfectionnement et à la multiplication des races nouvellement introduites ou domestiquées.

Elle s'occupe aussi de l'introduction et de la propagation des végétaux utiles.

Le nombre des membres de la Société est illimité.

Les Français et les étrangers peuvent en faire partie.

Pour faire partie de la Société, on devra être présenté par trois membres sociétaires qui signeront la proposition de présentation.

Chaque membre paye :

1° Un droit d'entrée de 10 fr. ;

2° Une cotisation annuelle de 25 fr., ou 250 fr. une fois payés.

La cotisation est due et se perçoit à partir du 1er janvier.

Chaque membre ayant payé sa cotisation recevra à son choix :

OU une carte qui lui permettra d'entrer au Jardin d'acclimatation et de faire entrer avec lui une autre personne ;

OU une carte personnelle et DOUZE billets d'entrée au Jardin d'acclimatation dont il pourra disposer à son gré.

Les membres qui ne voudraient pas user de ces entrées peuvent les déléguer.

Les sociétaires auront le droit d'abonner au Jardin d'acclimatation les membres de leur famille directe (mères, sœurs et filles non mariées, et fils mineurs) à raison de 5 francs par personne et par an.

Il est accordé aux membres un rabais de 10 pour 100 sur le prix des ventes (exclusivement personnelles) qui leur seront faites au Jardin d'acclimatation.

Le Recueil périodique des travaux de la Société est gratuitement délivré à chaque membre, à partir du 1er janvier de l'année où il a été admis.

La Société confie des animaux et des plantes en cheptel. Pour obtenir ces cheptels, il faut :

1° Être membre de la Société ;

2° Justifier qu'on est en mesure de loger et de soigner convenablement les animaux et de cultiver les plantes avec discernement ;

3° S'engager à rendre compte, chaque année, avant le 1er du mois de décembre, des résultats **bons ou mauvais** obtenus et des observations recueillies ;

4° S'engager à partager avec la Société les produits obtenus ;

5° Si les chepteliers ne se conformaient pas aux conditions ci-dessus proposées, ou si leur négligence compromettait le succès des expériences qui leur auraient été confiées, les animaux ou les végétaux pourraient être retirés par la Société ;

6° La Société se réserve le droit de faire visiter, chez les chepteliers, les animaux et les plantes remis en cheptel ;

7° Les membres de la Société qui sollicitent une remise des plantes et d'animaux, doivent adresser leur demande par lettre à M. le Président.

www.ingramcontent.com/pod-product-compliance
Ingram Content Group UK Ltd.
Pitfield, Milton Keynes, MK11 3LW, UK
UKHW031723170726
13836UKWH00001B/385